MARCUS DU SAUTOY

Eine
sehr kurze
Einführung in die
Unendlichkeit

Aus dem Englischen von Sigrid Schmid

C.H.BECK

Titel der englischen Originalausgabe: «How to Count to Infinity»
Copyright © Marcus du Sautoy 2017

Zuerst erschienen 2017 bei Quercus Editions Ltd, London

Mit vier Illustrationen von Amber Anderson

Für die deutsche Ausgabe:
© Verlag C.H.Beck oHG, München 2022
www.chbeck.de
Umschlaggestaltung: geviert.com, Nastassja Abel
Umschlagabbildung: © Shutterstock
Autorenfoto: © Oxford University Images/Joby Sessions
Satz: C.H.Beck.Media.Solutions, Nördlingen
Druck und Bindung: CPI – Ebner & Spiegel, Ulm
Gedruckt auf säurefreiem und alterungsbeständigem Papier
Printed in Germany
ISBN 978 3 406 78329 6

myclimate

klimaneutral produziert
www.chbeck.de/nachhaltig

INHALT

Woody: Hey, Buzz! Du kannst fliegen!
Buzz: Wie kommst du darauf, dass ich fliege?
Ich falle. Elegant.
Woody: Bis zur Unendlichkeit und noch viel weiter!

Toy Story

EINLEITUNG

AUF DIE PLÄTZE,
FERTIG, LOS!

Wie zählt man bis unendlich? Nichts einfacher als das. Man fängt bei 1 an und macht dann immer weiter. 1, 2, 3, 4 … Allerdings dauert das ziemlich lange … besonders gegen Ende (um Woody Allen zu zitieren). Tatsächlich wird man nie bei unendlich ankommen. Die Zeit reicht nicht. Der französisch-polnische Künstler Roman Opalka versuchte, alle Zahlen von 1 bis unendlich zu malen. Er begann damit im Jahr 1965 und schaffte es bis zur Zahl 5 607 249. Dann starb er im Jahr 2011, bevor er die nächste malen konnte.

Auch wenn man die Zahlen nur laut aussprache,

statt sie aufzuschreiben, würde man es wahrscheinlich bis zu einer Milliarde schaffen und dann sein Leben aushauchen, bevor man eine Milliarde und eins erreicht hätte. Vorausgesetzt, man wird dabei nicht unterbrochen. Wenn man sich verzählt, muss man wieder bei eins anfangen. Aber auch, wenn man es selbst nur bis zu einer Milliarde schafft, weiß man doch, dass es da draußen immer eine noch größere Zahl gibt, die auf jemanden wartet, der ein bisschen weiter kommt. Eine Billion. Eine Trilliarde. Eine Fantastilliarde. Ein Googol (das ist eine 1 mit 100 Nullen). Ein Googolplex (das ist eine 1 mit einem Googol Nullen). Ein Googolplex plus 1!

Vielleicht kann die Menschheit eine Art Staffellauf machen. Wenn die erste Person aufgibt, übernimmt die nächste dort, wo die erste aufgehört hat. Aber auch diese Strategie ist zum Scheitern verurteilt, weil dem Universum selbst die Zeit ausgehen wird. (Zeit existiert, so glaubt man heute, seit dem Urknall. Und man ging bisher davon aus, dass sie für immer weiterläuft. Neue Forschungsergebnisse zur Expansion des Universums lassen jedoch vermuten, dass das Universum irgendwann so weit ausgedehnt sein wird, dass nichts mehr da ist, das die Zeit messen könnte. Die Zeit wird ausgehen. Sie hat ein Ende. Auch die Zeit ist endlich. Aber das ist eine andere Geschichte.)

Doch Mathematiker haben raffinierte neue Methoden entdeckt, mit Unendlichkeit umzugehen, ohne alle Zahlen bis zum Ende durchzählen zu müssen. Mit genialen Tricks, die Ende des 19. Jahrhunderts entwickelt wurden, haben Mathematiker nicht nur herausgefunden, wie man bis unendlich zählen kann, sondern auch, dass es unterschiedliche Arten von Unendlichkeiten gibt. Manche sind größer als andere. Dabei handelt es sich um eine der außergewöhnlichsten Leistungen der Menschheit. Den Gipfel des Mount Everest erreicht man in einer endlichen Anzahl von Schritten. Aber Mathematiker haben gezeigt, wie man mit der endlichen Ausstattung im menschlichen Kopf schwindelerregende Höhen erreichen kann, die den Everest unbedeutend erscheinen lassen.

Ich bin Ihr mathematischer Sherpa, der Sie auf Ihrer Reise in die Unendlichkeit und darüber hinaus führen wird.

Sie fragen sich vielleicht, warum man diesen Weg überhaupt auf sich nehmen sollte? Im Alltag braucht man immer nur eine endliche Zahlenmenge. Warum sollte man sich dann mit der Unendlichkeit herumschlagen? Es gibt eine höchste Zahl, an die man in seinem Leben denkt, und dann folgt keine höhere Zahl mehr, weil das endliche Leben es verhindert.

Aber genau deswegen sind Überlegungen zur Unendlichkeit die Mühe wert. Die Unendlichkeit bietet Zuflucht vor der kläglichen Endlichkeit unserer sterblichen Existenz. Wer das Meisterstück vollbringt, die Unendlichkeit zu erfassen, erlebt ein Gefühl der Erhabenheit. Der berühmte deutsche Mathematiker David Hilbert sagte über den Mathematiker Georg Cantor aus dem 19. Jahrhundert, der uns einen ersten Blick auf die Unendlichkeit eröffnete: «Aus dem Paradies, das Cantor für uns geschaffen hat, soll uns niemand vertreiben

können.» In dieses Paradies möchte ich Sie mit-
nehmen.

Für die Reise ins Unendliche werden wir einen
mathematischen Zen-artigen Zustand der Akzep-
tanz einnehmen müssen, so wie buddhistische
Mönche durch Meditation einen Zustand der An-
dersweltlichkeit erreichen. In manchen Momenten
wird das verwirrend sein, aber denken Sie daran,
dass wir uns Zugang zu etwas verschaffen wollen, das womöglich keine physische Realität hat.
Das Tor zur Unendlichkeit ist tief in den Neuronen Ihres Gehirns zu finden. Doch die endliche
Menge grauer Substanz in Ihrem Kopf reicht aus,
um dieses unendliche mathematische Nirwana zu
erreichen.

1

SEIT WANN ZÄHLEN WIR?

Ich zähle langsam, langsam,
langsam und dann schneller,
und ich merke bald, ja,
es gibt für mich kein' Halt.

Sesamstraße, «Das Lied von Graf Zahl»

Mit dem Zählen haben wir vor vielen tausend Jahren begonnen. Tatsächlich ging es beim ersten Gedanken, den ein Mensch je bewusst hatte, wahrscheinlich ums Zählen. Die Menschen mussten zählen, um die Zeit zu messen. Der älteste bekannte Beweis, dass Menschen zählten, ist ein Knochen, der in den frühen 1970er Jahren bei einer Ausgrabung in der Border Cave in den Lebombo-Bergen zwischen Südafrika und Swasiland gefunden wurde. Es handelt sich dabei um das Schienbein eines Pavians mit 29 klar erkennbaren Kerben. Dieser Knochen wurde auf circa 35 000 v. Chr. datiert. Vermutlich wurden an Knochen wie diesem die Tage zwischen zwei Vollmonden markiert.

Ein Knochenartefakt, das auf eine fortschritt-lichere Zählung hinweist, wurde zwischen dem Kongo und Uganda entdeckt und liegt heute im Königlich-Belgischen Institut für Naturwissen-schaften. Der sogenannte Ishango-Knochen wurde auf 20 000 v. Chr. datiert und weist 4 Kerbenreihen auf, die eindeutig *irgendetwas* zählen. In der ersten Reihe sind es 11 Kerben, darunter 13, 17 und 19. Ist es reiner Zufall, dass es sich dabei um alle Prim-zahlen zwischen 10 und 20 handelt? (Das allein ist schon unfassbar aufregend.) Oder waren die Menschen damals schon besessen von diesen un-teilbaren Zahlen? Ganz offensichtlich jedoch zähl-ten diese Höhlenbewohner mit den Kerben in den Knochen etwas.

Die Höhlenmalereien in Lascaux, die um 15 000 v. Chr. entstanden, weisen ebenfalls auf frühes Zählen hin. Neben den außerordentlichen Bildern von laufenden Tieren wurden auch noch seltsame Punktgruppen an die Höhlenwände ge-malt. Laut einer Hypothese markieren die Punkte die vier Mondphasen. In einem Bild sind 13 Punkte neben der großen Abbildung eines brünstigen Hirschs zu sehen. Wenn jeder Punkt für ein Viertel des Mondzyklus steht, dann ergeben 13 Punkte ein Vierteljahr. Eine Jahreszeit. Mit dem Bild wurden wahrscheinlich junge Jäger ausgebildet. Es zeigte ihnen, zu welchem Zeitpunkt im Jahr die Hirsche brünstig und damit leichter zu jagen sind.

Leider eignet sich ein Haufen Punkte oder Kerben nicht besonders gut zum Zählen. Man erkennt auf den ersten Blick nur schwer, wie viele Kerben genau im Knochen oder wie viele Punkte genau auf der Wand sind. Sobald es mehr als 5 Punkte sind, haben Menschen Schwierigkeiten, die genaue Anzahl der Punkte zu erkennen.

Für den nächsten logischen Schritt haben verschiedene Kulturen auf der ganzen Welt bessere Zählmöglichkeiten entwickelt.

Die alten Ägypter erfanden eine Reihung von seltsamen Symbolen, die 10, 100 oder höhere Potenzen von 10 repräsentierten. Sie malten die Form eines Hufs, um die Zahl 10 darzustellen, und die Form einer Kaulquappe, um zu zeigen, dass sie

100 000 erreicht hatten. Allerdings eignet sich dieses System nicht besonders gut, wenn man bis unendlich zählen will. Man bräuchte immer neue Symbole, je größer die Zahlen werden. Stattdessen entdeckten Kulturen der Antike das sogenannte Stellenwertsystem, mit dem man mit einer endlichen Anzahl von Symbolen bis unendlich zählen könnte.

Hinweise auf eine dieser antiken Kulturen findet man in Südamerika. Vor etwa 2000 Jahren verwendeten die Mayas dasselbe Punktesystem wie die Höhlenbewohner von Lascaux, aber nach 4 Punkten setzten sie keinen 5. Punkt dahinter, sondern sie taten, was Gefangene heute noch machen, um die Tage bis zum Ende ihrer Haft zu zählen: Sie zogen einen Strich durch die 4 Punkte, um die Zahl 5 darzustellen. Wenn sie 20 erreichten, setzten sie nicht einfach weitere Punkte und Striche hinzu, sondern nutzten das Stellenwertsystem. Sie führten eine zweite Stelle ein, die anzeigte, wie viele 20er-Gruppen gezählt worden waren. Hier ein Beispiel:

Die Figur oben steht für eine 20er-Gruppe plus 5 Einheiten. Der Inhalt des unteren Kastens zeigt die Anzahl der einzelnen Einheiten an (in diesem Fall 5, repräsentiert durch die Linie), und der obere Kasten die Anzahl der 20er (in diesem Fall einer, angezeigt durch den einzelnen Punkt). So schrieben die Maya die Zahl 25. Mit diesem System konnten sie nur mit Punkten und Linien bis unendlich zählen. Sie mussten einfach immer weitere Positionen einführen, die weitere Potenzen von 20 darstellten (so wie wir es mit 10er-Potenzen tun). Das Zählsystem der Maya, mit den Punkten und Strichen, war sehr fortschrittlich. Maya-Astronomen konnten damit Aufzeichnungen über riesige Zeitspannen machen.

Auch eine der ersten Kulturen, die sich mit Mathematik beschäftigte, hatte dieses Stellenwertsystem bereits entwickelt und verwendet. Die Babylonier zählten in 60er-Potenzen. Sie erfanden Symbole für alle Zahlen bis zur 59, danach begannen sie mit einer neuen Reihe, um so eine weitere 60er-Gruppe anzuzeigen. Inzwischen fragen Sie sich bestimmt, warum wir in 10er-Gruppen zählen, während andere Kulturen in 20er- oder 60er-Gruppen rechneten. Die Zahl 10 wurde nicht etwa die Basis für unser Dezimalsystem, weil sie besondere mathematische Bedeutung hätte, sondern weil wir früher mit den Fingern zählten. Die Simpsons, die 8 Finger haben, zählen wahrscheinlich in 8er-Gruppen. Vielleicht zählten die Mayas in 20er-Gruppen, weil sie zum Zählen nicht nur die Finger, sondern auch die Zehen benutzten.

Aber warum zählten die Babylonier dann in 60er-Gruppen? Diese Zahl besitzt besondere mathematischen Eigenschaften, das könnte ein Grund sein. Sie ist vielfach teilbar. Man kann 60 durch 2, 3, 4, 5, 6, 10, 12, 15 und 30 teilen. Dadurch wird das Zahlensystem hoch flexibel. Nach einer anderen Theorie hat die 60 etwas mit der menschlichen Anatomie zu tun. Man kann mit den Fingerknöcheln bis 60 zählen. Der rechte Daumen übernimmt dabei die eigentliche Zählarbeit. An den restlichen 4 Fingern der rechten Hand gibt es insgesamt 12 Knochen. Indem man den rechten Daumen nacheinander gegen die einzelnen Knochen drückt, werden diese Knochen gezählt, von 1 bis 12. Dann hält man mit den Fingern der linken Hand (einschließlich des Daumens) fest, wie viele 12er-Gruppen man gezählt hat. Mit der linken Hand kann man so 5 Mal 12er-Gruppen zählen ... und das ergibt eine Gesamtsumme von 60.

Heute zählen wir in 10ern, aber das babylonische System hat sich in unserer Zeitrechnung erhalten: Jede Minute hat 60 Sekunden, und jede Stunde 60 Minuten.

Nachdem wir nun verschiedene Symbole kennengelernt haben, mit denen wir bis unendlich zählen können, müssen wir uns noch eine Strategie überlegen, wie wir dieses Ziel erreichen.

2

IMMER SCHNELLER ZÄHLEN

> Unendlich viel Leidenschaft
> kann sich in einer
> Minute zusammendrängen,
> wie eine Menschenmenge in
> einem kleinen Raume.

Gustave Flaubert, *Madame Bovary*

Als kleine Aufwärmübung auf unserem Weg zur Unendlichkeit möchte ich Ihnen eine Strategie vorschlagen, die uns zum Ziel führen könnte. Man braucht dazu ein bisschen Mathe, aber in einem Buch, das den Titel *Eine sehr kurze Einführung in die Unendlichkeit* trägt, muss man mit ein bisschen Algebra-Training rechnen. Also machen wir uns warm und werfen die mathematischen Neuronen an.

Die Strategie lautet so: Was wäre, wenn ich 8 Sekunden bräuchte, um bis 10 zu zählen. Dann beschließe ich, schneller zu zählen. Für die nächsten 10 Zahlen von 11 bis 20 brauche ich nur noch

4 Sekunden. Die nächsten 10 schaffe ich in 2 Sekunden. Jedes Mal, wenn ich weitere 10 Zahlen in Angriff nehme, halbiere ich die Zeit, die ich für die letzten 10 gebraucht habe. Wie lange bräuchte ich so für alle (unendlich vielen) Zahlen?

Dazu muss ich die Zeiten addieren, die ich für jede 10er-Gruppe brauche:

$$8 + 4 + 2 + 1 + \tfrac{1}{2} + \tfrac{1}{4} + \tfrac{1}{8} + \dots$$

Ich muss unendlich viele Zahlen addieren! Bräuchte man für eine solche Berechnung nicht unendlich viel Zeit? Und ergibt die Summe unendlich vieler Zahlen nicht ein unendliches Ergebnis?

Zum Glück kann man die Rechenzeit mit einer raffinierten Strategie deutlich verkürzen. Nehmen wir einmal an, das Ergebnis dieser unendlichen Summe wäre «N». Dieses N könnte unendlich groß sein oder irgendeine andere Zahl, aber wir geben ihr den Namen N, unabhängig von ihrem Wert.

Jetzt kommt einer dieser mathematischen Zaubertricks, die erst ziemlich blöd wirken, bis man am Ende merkt, dass der Trick in Wahrheit eine geniale Idee ist.

Wir berechnen das Produkt 2 × N. Dazu multiplizieren wir jede Zahl in unserer unendlichen Summe mit 2 und erhalten:

$$2 \times N = 2 \times (8 + 4 + 2 + 1 + \tfrac{1}{2} + \tfrac{1}{4} + \tfrac{1}{8} + \ldots)$$
$$= 2 \times 8 + 2 \times 4 + 2 \times 2 + 2 \times 1 + 2 \times \tfrac{1}{2} + 2 \times \tfrac{1}{4} + 2 \times \tfrac{1}{8} + \ldots$$
$$= 16 + 8 + 4 + 2 + 1 + \tfrac{1}{2} + \tfrac{1}{4} + \ldots$$

Wenn ich nun von diesem doppelten N wieder N abziehe, erhalte ich erneut N:

$$2 \times N - N = N$$

Aber wenn ich mir anschaue, was 2 × N ist, und dann N davon abziehe, geschieht etwas Überraschendes:

$$2 \times N - N =$$
$$16 + 8 + 4 + 2 + 1 + \tfrac{1}{2} + \tfrac{1}{4} + \ldots$$
$$- 8 - 4 - 2 - 1 - \tfrac{1}{2} - \tfrac{1}{4} - \tfrac{1}{8} + \ldots$$
$$= 16$$

Warum lautet das Ergebnis 16? Weil alle anderen Teile aus der ersten Zeile durch das, was in der zweiten Zeile steht, entfernt werden. Nur die 16 bleibt übrig. Wir haben so den Wert von N festgestellt: N = 16. Mit dieser Strategie bräuchte man also nur 16 Sekunden, um bis unendlich zu zählen!

Natürlich müsste man dazu den Mund irgendwann schneller als mit Lichtgeschwindigkeit bewegen, und leider ist die Lichtgeschwindigkeit endlich. So schaffen wir es also nicht bis zur Unendlichkeit. Wir müssen es anders versuchen.

Ich schlage eine neue Strategie vor: Wir nehmen uns dazu ein Beispiel daran, wie indigene Völker überall auf der Welt mit großen Zahlen umgehen, selbst wenn sie keine Namen für diese Zahlen haben. In vielen Aborigine-Sprachen in Australien gibt es keine Namen für Zahlen, die größer als 5 sind. Die Angkamuthi auf der Kap-York-Halbinsel zählen zum Beispiel so: *ipima* (1), *udhima* (2) und *wuchama* (3). Alles, was mehr als 3 ist, heißt bei ihnen *makyan* (viele).

Für die Angkamuthi bedeutet *makyan* so viel

wie unendlich, etwas, das sie nicht zählen können. Sie können zwar nur bis 3 zählen, haben aber trotzdem eine Strategie entwickelt, mit der sie herausfinden können, ob ein «unendlich» größer ist als ein «anderes».

Nehmen wir einmal an, da lägen zwei Haufen Obst. Ein Haufen Pflaumen und ein Haufen Limetten. Jeder Haufen besteht aus *makyan* oder «vielen» Früchten, aber ein Angkamuthi kann trotzdem herausfinden, in welchem Haufen mehr Früchte liegen. Er nimmt jeweils eine Pflaume und eine Limette von den Haufen und legt sie nebeneinander. Dann nimmt er eine weitere Pflaume und eine weitere Limette und legt sie zusammen. So macht er weiter, bis ein Haufen ganz weg ist. Wenn in dem anderen Haufen dann noch Früchte übrig sind, dann war dieses *makyan* größer als das andere *makyan*. Wenn er von beiden Haufen gleichzeitig die letzte Frucht weggenommen hat, dann müssen die beiden *makyan* gleich groß sein.

Man nimmt an, dass Tiere dieselbe Strategie anwenden. Für ihr evolutionäres Überleben müssen

Tiere ein gewisses Zahlenverständnis haben. Durch Zählen merkt ein Vogel, wenn ein Ei aus dem Nest gestohlen wurde und er besonders wachsam sein muss, damit nicht noch mehr verschwinden. Wenn die eigene Affenhorde von einer rivalisierenden Horde bedroht wird, muss man abschätzen können, welche Horde größer ist. Je nachdem wird man sich zur Flucht oder zum Kampf entschließen. Tiere haben zwar höchstwahrscheinlich keine Namen für Zahlen jenseits der 3 (wenn sie überhaupt Namen für Zahlen haben), doch sie wenden dasselbe Prinzip an wie die Angkamuthi; sie ordnen in Gedanken jedem Affen aus einer Horde einen Affen aus der anderen Horde zu, bis in einer Horde keine Affen mehr übrig sind.

Der deutsche Mathematiker Georg Cantor kam zu der außergewöhnlichen Erkenntnis, dass Mathematiker, die sich mit der Unendlichkeit beschäftigen, sich gar nicht so sehr von den Angkamuthi oder einer Affenhorde unterscheiden. Wir haben Namen für alle endlichen Zahlen. Aber sobald es ins Unendliche geht, bekommen wir Probleme.

Wir haben nur ein Wort – unendlich –, um die Größe von allem zu beschreiben, was nicht endlich ist.

Doch Cantor erkannte, dass es trotzdem mehrere Unendlichkeiten geben kann und dass es in diesem Fall möglich ist, verschiedene Unendlichkeiten miteinander zu vergleichen und herauszufinden, ob sie gleich groß sind, oder sogar einzuschätzen, ob eine Unendlichkeit größer ist als eine andere. Dazu muss man nur herausfinden, wie man die unendlichen Dinge von einem Haufen den unendlichen Dingen von einem anderen Haufen paarweise zuordnen und so feststellen kann, ob es gleich viele sind oder nicht.

Jetzt sollten Sie sich anschnallen, denn es geht gleich los mit der Reise zur Unendlichkeit.

3

WILL-KOMMEN IM HOTEL UNEND-LICHKEIT

> Meditation ist die Auflösung
> von Gedanken in Ewigem Gewahrsein
> oder Reinem Bewusstsein ohne
> Verdinglichung, Wissen ohne Denken,
> das Verschmelzen von
> Endlichkeit in Unendlichkeit.
>
> Swami Sivananda,
> hinduistischer geistlicher Führer

Der Mathematiker David Hilbert erkannte rasch, wie erstaunlich die neuen Erkenntnisse Cantors waren. Um sie anderen nahezubringen, entwickelte Hilbert ein wunderschönes Szenario, das deutlich machen sollte, wie Cantor Unendlichkeiten verglich. Hilbert dachte sich ein Hotel mit unendlich vielen Räumen aus. Die Zimmer waren durchnummeriert, beginnend mit Zimmer 1, gefolgt von Zimmer 2, Zimmer 3 und so weiter, immer den Hotelflur der Unendlichkeit entlang. Am Empfang steht der Concierge Cantor, dessen Aufgabe es ist, alle ankommenden Gäste unterzubringen.

Am Hotel Unendlichkeit kommen nun verschiedene Reisebusse an. In jedem Bus sitzt eine unendliche Zahl von Gästen, und jeder Gast trägt einen Anstecker mit einer eigenen Nummer. Concierge Cantor muss nun herausfinden, ob das Hotel genug Platz für die unendlich vielen Gäste bietet, die in diesen Bussen ankommen.

Die Gäste im ersten Reisebus haben auf ihren Ansteckern, zum Beispiel, die Zahlen 1, 2, 3... bis unendlich stehen. Diese Reisegruppe unterzubringen, ist einfach, weil jedem Gast nur das Zimmer mit der Nummer, die auf seinem Anstecker steht, zugewiesen werden muss. Hier gibt es keine Überraschungen, und die pflegeleichten Gäste verlassen das Hotel wieder glücklich, nachdem sie sich ein paar Tage entspannt haben.

Als Nächstes kommt der Gerade-Zahlen-Bus an. In ihm sitzen Menschen, die nur gerade Zahlen mögen, und daher hat jeder Gast eine gerade Zahl auf seinem Anstecker stehen. Es gibt also Gast

Nummer 2, Gast Nummer 4, Gast Nummer 6 … bis unendlich. Auf den ersten Blick kommen dieses Mal nur halb so viele Gäste an wie mit dem letzten Bus, sodass das Hotel halb leer bleiben wird. Aber das ist nicht notwendigerweise richtig, womit wir zur ersten Spitzfindigkeit kommen, wenn es um Unendlichkeit geht. Concierge Cantor kann den Gästen ganz einfach ein eigenes Zimmer zuweisen, indem er bei jedem Gast die Zahl auf dem Anstecker halbiert und dem Gast das Zimmer mit der entsprechenden Zahl gibt. Gast Nummer 2 bekommt also Zimmer 1, Gast 4 nimmt Zimmer 2, Gast 6 Zimmer 3 und so weiter, bis unendlich. Das Hotel wird so voll belegt, obwohl es zunächst aussah, als wären mit dem Gerade-Zahlen-Bus nur halb so viele Gäste angekommen wie im ersten Bus. Das ist gut fürs Geschäft, wie jeder aus der Hotelbranche bestätigen wird.

Die Unendlichkeit der geraden Zahlen hat dieselbe Größe wie die Unendlichkeit aller Zahlen. Erinnern Sie sich an den Angkamuthi, der Paare aus Pflaumen und Limetten bildet? Wenn er feststellt, dass jeder Pflaume eine Limette zugeordnet werden kann und umgekehrt, dann kann er daraus schließen, dass die Anzahl der Pflaumen und Limetten gleich ist, auch wenn er keinen Namen für diese Anzahl hat. Entsprechend können auch wir feststellen, dass die Unendlichkeit der geraden Zahlen genauso groß ist wie die Unendlichkeit aller ganzen Zahlen, weil wir herausgefunden haben, dass man sie perfekt einander zuordnen kann. Alle Gerade-Zahlen-Gäste sind untergebracht und das Hotel ist voll, weil alle Zimmer belegt sind. In Zimmer 27 wohnt, zum Beispiel, der Gast mit der Nummer 2 × 27 = 54.

Auf dem Papier (oder dem Buchungsformular) sah es zwar so aus, als wären mit dem Gerade-Zahlen-Bus nur halb so viele Gäste angekommen wie mit dem Ganzzahlen-Bus, doch wir haben erkannt, dass diese beiden Unendlichkeiten in Wahrheit gleich groß sein müssen. Aber als Nächstes kommt ein wirklich riesiger Reisebus an mit der Reisegruppe der Bruchzahlen. Jeder Gast in diesem Bus hat einen Anstecker mit einer Bruchzahl dar-

auf, und irgendwo in dieser riesigen Menschen-
masse ist jede denkbare Bruchzahl auf einem Anstecker zu finden. Auf den ersten Blick scheint es
unmöglich, so viele Gäste im Hotel Unendlichkeit
zu beherbergen. Schließlich gibt es allein zwischen
den Zahlen 1 und 2 unendlich viele Bruchzahlen,
und zwischen den Zahlen 2 und 3 noch einmal so
viele. Es kann keine Möglichkeit geben, die Bruch-
zahlen-Reisegruppe im Hotel Unendlichkeit unterzubringen. Oder vielleicht doch?

Concierge Cantor lässt sich von der Ankunft
dieser Gruppe jedenfalls nicht entmutigen. Wun-
dersamerweise gibt es eine konsistente und logische Möglichkeit, jedem Gast ein Zimmer im Hotel Unendlichkeit zuzuweisen, bis am Ende alle
Gäste untergekommen sind. Cantor entwickelt einen Algorithmus oder eine Methode, um die Zimmer zuzuordnen. Seine Idee ist raffiniert, trotzdem
braucht man lediglich einen kühlen Kopf, um sie
nachzuvollziehen.

Als Erstes muss Cantor herausfinden, wie er diesen unordentlichen Haufen Bruchzahlen-Gäste, die

sich vor der Anmeldung drängeln, um noch ein Zimmer zu erwischen, in eine Reihenfolge bringen kann. Er muss sie dazu bringen, dass sie sich ordentlich anstellen, damit er ihnen die Zimmerschlüssel aushändigen kann.

Zunächst zieht er die Bruchzahlen-Gäste heraus, bei denen unter dem Bruchstrich eine 1 steht: $\frac{1}{1}$, $\frac{2}{1}$, $\frac{3}{1}$, $\frac{4}{1}$ ... Von denen gibt es unendlich viele, aber er bringt sie dazu, sich in einer unendlichen Schlange anzustellen, mit $\frac{1}{1}$ ganz vorn, dann $\frac{2}{1}$, dann $\frac{3}{1}$ und so weiter bis unendlich. Doch danach sind immer noch unendlich viele weitere Bruchzahlen übrig, um die er sich kümmern muss, und deswegen kann er nicht einfach nur dieser ersten Schlange Schlüssel geben.

Daher bildet er eine zweite Warteschlange neben der ersten. Sie besteht aus Gästen mit einer 2 unter dem Bruchstrich. Ganz vorne in der Schlange steht $\frac{1}{2}$, gefolgt von $\frac{2}{2}$, dann $\frac{3}{2}$ und so weiter bis unendlich. Doch auch dann sind noch unendlich viele Bruchzahlen übrig. Aber Cantor bildet einfach unendlich viele weitere Warteschlangen nach dem Muster der ersten. So besteht, zum Beispiel, die 27. Warteschlange aus allen Bruchzahlen mit einer 27 unter dem Bruchstrich, angefangen mit $\frac{1}{27}$, gefolgt von $\frac{2}{27}$, $\frac{3}{27}$ etc.

Irgendwo in dieser Aufstellung findet sich jede einzelne Bruchzahl. Ein Beispiel: Gast Nummer $\frac{71}{101}$ ist die 71. Person in der 101. Warteschlange. Aber wie verteilt Cantor jetzt die Zimmerschlüssel? Wie macht Cantor aus dieser unendlichen Anzahl unendlicher Warteschlangen eine einzelne unendliche Reihe? Hier kommt Cantors Geniestreich ins Spiel: Statt eine der Warteschlangen zu verfolgen, schlängelt sich Cantor im Zickzack durch das unendliche Gitter der wartenden Bruchzahlen. Er geht hin und her und stellt so sicher, dass er bei seinem diagonalen Tanz irgendwann bei jeder Bruchzahl vorbeikommt.

Bei dieser Methode steht dann die Bruchzahl $\frac{1}{1}$ ganz vorn in der Warteschlange und bekommt Zimmer 1. Als Nächstes geht Cantor zur Bruchzahl $\frac{2}{1}$, die den Schlüssel für Zimmer 2 bekommt. Doch jetzt geht er nicht diese Reihe weiter entlang,

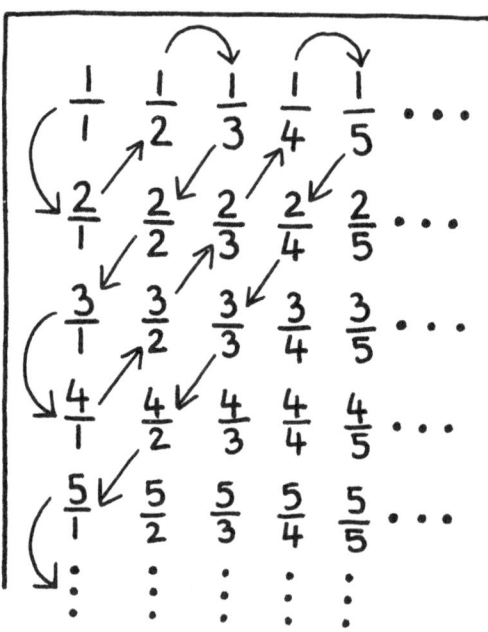

sondern schlängelt sich zurück und gibt den Schlüssel für Zimmer 3 der Bruchzahl $^1/_2$. Und was ist mit einer Bruchzahl wie $^2/_3$? Welches Zimmer bekommt dieser Gast? Nun, bei ihm kommt Cantor als 9. vorbei, also bekommt er Zimmer 9.

Erstaunlicherweise ist die Unendlichkeit der

Gäste mit Bruchzahlen auf ihren Ansteckern genauso groß wie die Unendlichkeit der ganzen Zahlen, obwohl es zuerst so aussah, als würden die Bruchzahlen-Gäste das Hotel Unendlichkeit überschwemmen. Doch mit seinem schlauen, diagonalen Webmuster durch die Gäste hat Concierge Cantor sichergestellt, dass jeder Bruchzahlen-Gast ein Zimmer zugeteilt bekommt.

Langsam könnte man glauben, dass alle Unendlichkeiten gleich groß sind. Vielleicht kann jeder unendliche Reisebus, der ankommt, untergebracht werden? Doch das ist nicht der Fall, wie sich herausstellt. Tatsächlich verwirrte die Reisegruppe der irrationalen Zahlen den armen Concierge völlig. Er brachte die Gäste einfach nicht alle unter, sosehr er sich auch bemühte und obwohl ihm unendlich viele Zimmer zur Verfügung standen. Wer sind diese närrischen, ärgerlichen, irrationalen Gäste?

4

IRRATIO-
NALE
ZAHLEN

> Die Zahl beherrscht die Formen
> und Ideen, und sie ist die
> Ursache der Götter und Dämonen.
>
> Pythagoras

Wir zählen, seit wir denken können: Wir behalten die Zeit im Auge, entscheiden, ob wir kämpfen oder fliehen, und stellen sicher, dass keines unserer Jungen aus dem Nest gestohlen wurde. Komplexe Mathematik entstand allerdings erst, als die neu aufkommende Zivilisation es notwendig machte, die Welt um uns herum zu vermessen. Die neu entstehenden Stadtstaaten an den Ufern von Euphrat und Nil, die antiken Kulturen von Babylon und Ägypten erforderten neue mathematische Werkzeuge, um ihre Umwelt zu gestalten ... und zu besteuern!

Im alten Ägypten wurden die Bürger nach der Landfläche besteuert, die sie besaßen. Bei den Bauern mit rechteckigen Feldern war das eine einfache

Rechnung. Man musste nur die Länge des Feldes mit seiner Breite multiplizieren, um die Fläche zu erhalten. Aber bei den Bauern, deren Felder an den Ufern des Nils lagen, standen die Steuerbehörden vor einem Problem: Der Fluss folgt keiner geraden Linie, sondern mäandert durch die Landschaft. Daher hat das Land, das er an seinen Ufern bildet, häufig die Form eines perfekten Halbkreises. Die Steuerbehörden mussten also die Fläche eines Kreises berechnen und sie durch zwei teilen, wenn sie diese Bauern korrekt besteuern wollten.

Welche Fläche hatte ein Kreis mit einem bestimmten Radius «R»? Das Quadrat, das diesen Kreis umgab, setzte sich aus 4 kleineren Quadraten mit der Größe R^2 zusammen, also R × R. Aber die Kreisfläche war kleiner als die Fläche der 4 kleinen Quadrate, die gemeinsam ein großes Quadrat um den Kreis bilden, wie die Abbildung rechts zeigt. Die antiken Mathematiker entdeckten damals, dass man, unabhängig von der Größe des Kreises, R^2 jedes Mal mit derselben Zahl multiplizieren musste, um seine Fläche zu berechnen. Diese

Zahl ist für viele eine der wichtigsten und geheimnisvollsten Zahlen in der Mathematik: Pi.

Versuche, diese Zahl zu bestimmen, finden sich bereits in einem der ersten und bedeutendsten Schriftstücke in der Geschichte der Mathematik: dem Papyrus Rhind, das von einem ägyptischen Schreiber, einem gewissen Ahmes, um das Jahr 1650 v. Chr. verfasst wurde. Das Dokument wird heute im British Museum verwahrt und steckt voller fantastischer Mathematik, darunter die erste Schätzung eines Wertes von Pi. Ahmes versucht dort, die Fläche eines kreisförmigen Feldes zu schätzen, das einen Durchmesser von 9 Einheiten hat. Da die Fläche eines Kreises Pi mal das Quadrat des Kreisradius ist, kann man Pi berechnen, wenn man die Kreisfläche und den Radius kennt.

Im Papyrus Rhind steht, dass die Fläche eines kreisförmigen Feldes mit dem Durchmesser 9 Einheiten fast gleich groß ist wie ein Quadrat mit der Seitenlänge 8 Einheiten – aber wie wurde dieser Zusammenhang entdeckt? Nach meiner Lieblingstheorie hängt die Entdeckung des Wertes von Pi mit der Sucht der Ägypter nach dem Mancala-Spiel zusammen. Mancala-Bretter waren in dieser Zeit sehr verbreitet und wurden sogar in die Dächer von Tempeln geschnitzt. Ein Brett besteht aus zwei Reihen mit kreisförmigen Löchern.

Alle Spieler haben am Anfang gleich viele Spielsteine. Ziel des Spiels ist es, die Steine über das Brett zu bewegen und dabei die Steine des Gegners zu kassieren. Vielleicht saß Ahmes gerade beim Mancala-Spiel und wartete, bis sein Gegner gezogen hatte, als ihm auffiel, dass die Steine die kreisförmigen Löcher im Mancala-Brett manchmal hübsch und dekorativ ausfüllten. Wenn man etwa 7 Steine in eines der kreisförmigen Löcher platziert, liegt ein Stein in der Mitte, während die anderen 6 Steine ein Sechseck um ihn bilden.

Ahmes könnte daraufhin mit größeren Kreisen experimentiert und dabei herausgefunden haben, dass er mit den Steinen, die ein 8 × 8 großes Quadrat bilden, einen größeren Kreis mit dem Durchmesser von 9 Steinen füllen konnte.

Anhand dieser Erkenntnis hätte Ahmes die Fläche eines Kreises mit dem Durchmesser 9 Einheiten schätzen können. Wenn er die Steine, die den Kreis bildeten, wieder zu dem 8×8-Quadrat zusammengelegt hätte, hätte er dessen Fläche (64 Einheiten) berechnen und so die Kreisfläche schätzen können. Da die Fläche eines Kreises Pi mal das Quadrat des Radius beträgt, gilt:

$$A = Pi \times R^2$$

Wenn man diese Gleichung umformt, ergibt sich die folgende Formel für Pi:

$$Pi = A \div R^2$$

Der Radius ist halb so lang wie der Durchmesser, in diesem Fall also 4,5 Einheiten. Teilt man 64 (die Kreisfläche) durch 4,5 × 4,5 = 20,25 (den Kreisradius im Quadrat), erhält man als Wert von Pi etwa 3,16. Gar nicht schlecht für eine erste Annäherung. Immer mehr Kulturen versuchten in der Geschichte der Mathematik, diesen wichtigen Wert Pi zu erfassen, mit immer größerer Genauigkeit.

Wie unser Mancala-Spieler versuchte auch der griechische Mathematiker Archimedes, die Fläche eines Kreises anhand anderer Flächen, die einfacher zu analysieren waren, zu berechnen. Gelang ihm eine gute Schätzung dieser Fläche, konnte er sie verwenden, um Pi zu berechnen. Zunächst zeichnete Archimedes Dreiecke um den Kreis und innerhalb des Kreises. Das Dreieck sah dem Kreis nicht besonders ähnlich. Was aber, wenn er die Anzahl der Dreieckseiten verdoppelte und sie durch Sechsecke ersetzte? Sechsecke sind näher an der Kreisform und liefern daher eine bessere Näherung der Kreisfläche. Archimedes verdoppelte die Seitenzahl der Formen, mit denen er sich der Kreisfläche annäherte, immer weiter, sodass der Unterschied zwischen dem Kreis und dem Vieleck, das er entwickelte, immer kleiner wurde. Tatsächlich sagt man manchmal, ein Kreis sei ein regelmäßiges Polygon mit unendlich vielen Seiten. Bis zur Unendlichkeit ging Archimedes nicht. Er hörte beim 96-Eck auf. Aber anhand dieser Form berechnete er, dass der Wert von Pi zwischen $^{223}/_{71}$ und $^{22}/_7$ liegen musste. Und auch heute noch verwenden die meisten Ingenieure die $^{22}/_7$ von Archimedes als Näherungswert von Pi.

Doch trotz aller Bemühungen konnte niemand diese geheimnisvolle Zahl durch einen Bruch genau erfassen. Jede Bruchzahl war entweder ein wenig zu groß oder zu klein. Der Grund für die Probleme der Mathematiker der Antike liegt darin, dass Pi gar nicht als Bruchzahl geschrieben werden kann. Sie ist kein Verhältnis zweier ganzer Zahlen. Pi ist eine sogenannte irrationale Zahl. Bewiesen wurde das erst im 19. Jahrhundert, obwohl bereits die Pythagoräer diese seltsamen neuen Zahlen entdeckt hatten, als sie nach einer anderen Größe suchten. In dem Fall ging es nicht um eine Kreisfläche, sondern um die Seitenlänge eines Dreiecks.

Pythagoras war schockiert von der Entdeckung, dass das Verhältnis zweier ganzer Zahlen nicht ausreichte, um die Welt zu vermessen. Es widersprach seinem Glauben an die Sphärenmusik, die Vorstellung, dass das Universum aus perfekten Ganzzahl-Verhältnissen besteht. Die Entdeckung der mathematischen Basis musikalischer Harmonie, nach der die Frequenzen, die wir als harmonisch empfinden, allesamt als Verhältnis von ganzen Zahlen ausgedrückt werden können, hatte ihn zu diesem Glauben geführt. Die unharmonischen oder irrationalen Proportionen der neuen Zahlen störten diese pythagoreische Philosophie. Und die Quelle dieser Störung? Sie war Pythagoras' eigenes Theorem über rechtwinklige Dreiecke.

Man nehme ein rechtwinkliges Dreieck, dessen beide kurzen Seiten jeweils einen Meter lang sind. Mit dem Satz des Pythagoras kann man die Länge der längsten Dreieckseite, der sogenannten Hypotenuse, berechnen. Pythagoras sagt, dass die

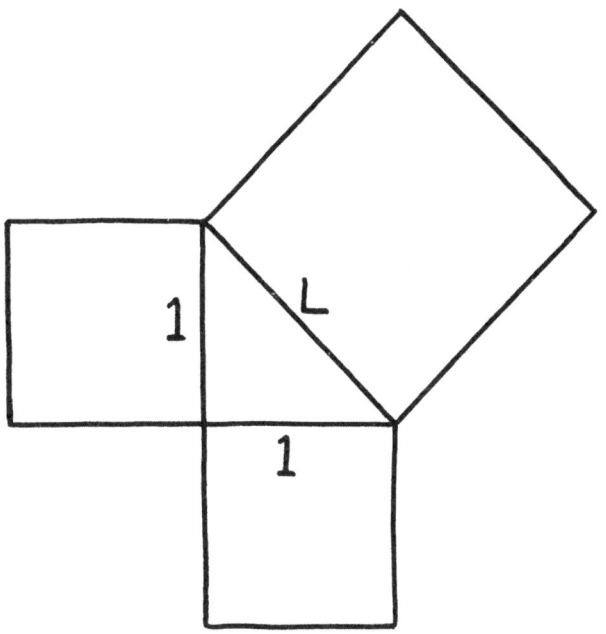

Summe der Quadrate beider kurzen Dreieckseiten gleich dem Quadrat der längsten Seite ist. Die beiden kurzen Seiten sind einen Meter lang. Daher muss, nach Pythagoras, für das Quadrat der längeren Seite gelten: $1^2 + 1^2 = 2$. Wie lang ist dann die Hypotenuse? Das Quadrat dieser Länge, die wir hier «L» nennen wollen, ergibt 2. (Daher muss L die Quadratwurzel von 2 sein.) Aber wie *groß* ist diese Zahl?

Schon die alten Babylonier hatten versucht, den Wert dieser Zahl zu bestimmen. In der Yale-Universität wird eine Tafel aus dem um 1900 v. Chr. entstandenen babylonischen Kaiserreich verwahrt, die eine Streckenberechnung enthält. Wahrscheinlich ist es eine Übungsaufgabe eines Schreiberlehrlings, dessen Lehrer ihm die Aufgabe stellte, eine Zahl zu finden, deren Quadrat 2 ergab. Der Schüler stellte sich gar nicht so dumm an. Im Sexagesimalsystem (das die Basis 60 hat) der Babylonier berechnete er die Länge mit:

$$1 + \frac{24}{60} + \frac{51}{60^2} + \frac{10}{60^3} = \frac{30547}{21600}$$

In der Dezimalnotation ergibt das 1,41421296296 (wobei sich die letzten drei Ziffern, also die 296, endlos wiederholen). Diese beeindruckende Schätzung ist bis auf 6 Stellen nach dem Komma genau richtig. Aber wenn man das Quadrat dieser Dezimalzahl berechnet (oder dieser Zahl als Bruch), liegt das Ergebnis immer knapp neben der 2. Ein Anhänger des Pythagoras namens Hippasus bewies schließlich, dass jede noch so sorgfältige Berechnung (auch die des babylonischen Schreibers!) im Quadrat niemals genau 2 ergeben konnte, weil es keine Bruchzahl gibt, deren Quadrat genau 2 ergibt. Hippasus zeigte, dass als logische Folge einer solchen Zahl, wenn sie denn existieren würde, gerade Zahlen ungerade sein müssten und umgekehrt. Was ganz offensichtlich absurd ist. Dieser Widerspruch ließ sich nur auflösen, wenn man zugab, dass es keine Zahl mit dem Quadrat 2 gab. Diese neue Zahlenklasse wurde als irrationale Zahlen bezeichnet, weil sie nicht als Verhältnis (Ratio) zweier ganzer Zahlen ausgedrückt werden können.

Hippasus' Pythagoräer-Kollegen waren über diese Entdeckung entrüstet. Um Pythagoras' Glauben, dass im Universum mathematische Harmonie regierte, hatte sich eine Sekte gebildet. Die Entdeckung der irrationalen Zahlen widersprach ihrem

Ethos völlig. Daher beschloss die Sekte, die Entdeckung geheim zu halten. Aber Hippasus konnte der Versuchung, seine große Enthüllung mit jemandem zu teilen, nicht widerstehen, und die Nachricht von den irrationalen Zahlen verbreitete sich. Da Hippasus das ihm auferlegte Schweigegelübde gebrochen hatte, wurde er aufs Meer hinausgefahren und dort ertränkt, weil er eine solche Disharmonie im Kern der physikalischen Welt enthüllt hatte. Wer hätte gedacht, dass Mathematik so gefährlich sein kann? Aber die neuen, irrationalen Zahlen ließen sich nicht so leicht unterdrücken.

Heute weiß man, dass Zahlen wie Pi und die Quadratwurzel von 2 Zahlen sind, die in der Dezimalschreibweise endlos weitergehen, ohne sich je zu wiederholen. Die unendlich lange Dezimalschreibweise von der Quadratwurzel von 2 beginnt, zum Beispiel, mit:

1,414213562...

und setzt sich dann ins Unendliche fort. Nimmt man stattdessen eine Zahl mit einer endlichen Anzahl Stellen hinter dem Komma, wird deren Quadrat niemals genau 2 erreichen. Nur mit allen unendlich vielen, sich niemals wiederholenden Stellen hinter dem Komma wird die Länge im pythagoreischen Dreieck korrekt wiedergegeben.

Auch Pi ist eine solche Zahl, die nur mit unendlich vielen, sich nicht wiederholenden Dezimalstellen korrekt dargestellt werden kann. Mit modernen mathematischen Methoden und moderner Rechenleistung kann man Pi auf schwindelerregende eine Billion Stellen genau berechnen. Für die praktische Flächenberechnung braucht natürlich kein Mensch eine so große Genauigkeit. Um die Fläche eines Kreises, der so groß ist wie das bekannte Universum, mit einer Fehlergenauigkeit im Größenbereich eines Wasserstoffatoms zu berechnen, muss man Pi lediglich auf 39 Nachkommastellen genau kennen. Für das wahre Pi muss man allerdings bis unendlich zählen.

Wie erstaunlich, dass man schon beim Blick auf

einen Kreis oder ein Dreieck der Unendlichkeit begegnet.

Aber Pi und die Quadratwurzel von 2 sind nur zwei Beispiele von unendlich vielen dieser möglichen unendlichen Dezimalzahlen. Die außergewöhnliche Erkenntnis Cantors bestand jedoch darin, dass *diese* Unendlichkeit – aller unendlichen Dezimalzahlen – wirklich größer ist als die Unendlichkeit aller Ganz- oder Bruchzahlen, die die Pythagoräer so sehr liebten.

MEINE UNENDLICH-KEIT IST GRÖSSER ALS DEINE UNENDLICH-KEIT

Wer du auch seist: am Abend tritt hinaus
aus deiner Stube, drin du alles weißt;
als letztes vor der Ferne liegt dein Haus:
wer du auch seist.

Rainer Maria Rilke, *«Eingang»*

Kehren wir nun zurück ins Hotel Unendlichkeit,
wo der Concierge sich bemüht, die Reisegruppe
mit den irrationalen Zahlen, die als letztes angekommen ist, irgendwie unterzubringen. Die Fahr-
gäste haben alle Anstecker mit Nummern darauf,
aber dieses Mal sind es Zahlen mit unendlich vielen Nachkommastellen wie Pi oder die Quadratwurzel von 2. Der Reiseveranstalter ist sich ab-
solut sicher, dass Cantors Hotel Unendlichkeit in
der Lage sein sollte, alle seine Urlauber unterzubringen. Im Bus sitzen unendlich viele Gäste, aber
Cantors Hotel hat auch unendlich viele Zimmer.
Doch langsam macht sich der Concierge Sorgen.
Er merkt, dass er, trotz aller Bemühungen, doch

immer beweisen kann, dass es noch weitere Gäste gibt, die noch *kein* Zimmer haben.

Doch der Reiseveranstalter lässt sich von Cantors Pessimismus nicht entmutigen. Schließlich haben sie am Abend zuvor die Reisegruppe der Bruchzahlen im Hotel untergebracht, obwohl auch das bei der Ankunft wie ein völlig unmögliches Unterfangen aussah. Dafür mussten sie lediglich herausfinden, wie sich die Bruchzahl-Gäste in eine Reihenfolge bringen ließen, damit der Concierge sich durch die Reihen schlängeln und dafür sorgen konnte, dass wirklich jeder Gast ein Zimmer bekam.

Der Reiseveranstalter behauptet, er habe einen superschlauen Algorithmus gefunden, der für die Reisegruppe der irrationalen Zahlen dasselbe erreicht. Er fängt an, die Gäste gemäß seinem Algorithmus aufzustellen, und behauptet, wenn er fertig sei, stünden alle in einer ordentlichen Reihe, die der Concierge dann nur noch entlanggehen müsse, um die Schlüssel auszuhändigen. Nehmen wir einmal an, der Algorithmus des Reiseveranstalters würde die Zahl Pi an den Anfang seiner Warteschlange stellen. Dahinter steht die Quadratwurzel von 2, und danach wird eine unendliche Dezimalzahl nach der anderen aufgestellt:

Zimmer 1 bekommt 3,1415926…
Zimmer 2 bekommt 1,4142135…
Zimmer 3 bekommt 2,7182818…
Zimmer 4 bekommt 1,6180339…
Zimmer 5 bekommt 1,2020569…

Der Reiseveranstalter ist zuversichtlich, dass er mit seinem Algorithmus sicherstellen kann, dass jede unendliche Dezimalzahl irgendwo in der Warteschlange steht. Doch Concierge Cantor ist nicht davon überzeugt. Er sucht nach einer unendlichen Dezimalzahl, bei der er beweisen kann, dass sie auf keinen Fall in der Schlange stehen kann.

Er fängt mit der ersten Person in der Reihe an und fragt: «Wie lautet Ihre erste Dezimalstelle?» – «1», antwortet der erste Gast. Der Concierge notiert sich eine «2» als erste Nachkommastelle der

Zahl, die er sucht. So stellt er sicher, dass seine Dezimalzahl nicht die der ersten Person in der Warteschlange ist, weil die Zahlen sich an der ersten Nachkommastelle unterscheiden. Er geht weiter zur zweiten Person in der Schlange. Anhand dieser Person wird Concierge Cantor entscheiden, wie die zweite Nachkommastelle seiner Zahl lauten wird. «Wie lautet die zweite Dezimalstelle Ihrer Zahl?», fragt er den zweiten Gast. Der Gast schaut auf seinen Anstecker und antwortet: «4». Der Concierge wählt daher eine 5 als zweite Nachkommastelle für seine neue Zahl. So stellt er sicher, dass seine Zahl sich von der unendlichen Dezimalzahl auf dem Anstecker des zweiten Gastes unterscheidet. Warum? Weil die beiden Zahlen an der zweiten Nachkommastelle unterschiedliche Ziffern stehen haben.

Inzwischen haben Sie hoffentlich erraten, was Concierge Cantor vorhat. Er wird die Wartereihe entlanggehen und anhand des n-ten Gastes die n-te Nachkommastelle seiner neuen Zahl bestimmen. Der Trick besteht darin, dass er für die n-te Nachkommastelle seiner Zahl eine andere Ziffer wählen wird, als an der n-ten Nachkommastelle des n-ten Gastes steht.

Wenn er damit fertig ist, geht er zum Reiseveranstalter und sagt: «Sie haben den Gast mit *dieser* Nummer auf dem Anstecker übersehen. Der steht nirgendwo in der Schlange.»

Doch so schnell gibt der Reiseveranstalter nicht auf. «Sind Sie sicher? Überprüfen Sie mal die 71. Person in der Warteschlange.»

Sie gehen zu diesem Gast hin, und der Concierge fordert den Reiseveranstalter auf, die 71. Nachkommastelle vorzulesen. Sie vergleichen diese Ziffer mit der 71. Nachkommastelle des fehlenden Gastes, und tatsächlich stehen da unterschiedliche Ziffern, denn genau so hatte der Concierge seine Zahl ja zusammengestellt. Der Reiseveranstalter kann suchen, solange er will, der Gast mit der neuen Nummer des Concierge auf dem Anstecker steht nicht in der Warteschlange, dafür hatte der Concierge gesorgt, als er seine Zahl zusammenstellte.

Schließlich gibt der Reiseveranstalter zu, dass

dieser Gast in der Reihe fehlt. «Okay, okay. Dann stellen wir ihn einfach vorne hin und schieben alle anderen einen Platz nach hinten.» Aber der Concierge ist damit nicht zufrieden. «Sehen Sie mal, ich kann dieses Spiel immer wieder spielen und immer einen weiteren fehlenden Gast finden. Sie können sich bemühen, wie Sie wollen, mit meinem Trick kann ich immer zeigen, dass noch ein Gast fehlt. Und nicht nur ein Gast, sondern es fehlen unendlich viele Gäste.»

Und das ist der Kern des Problems: Es ist völlig egal, wie clever der Algorithmus des Reiseveranstalters ist, es ist völlig egal, wie sehr er sich bemüht, die unendlichen Dezimalzahlen in eine Reihenfolge zu bringen, die Gegenstrategie von Concierge Cantor zeigt, dass in einer Reihe von unendlichen Dezimalzahlen immer ein paar fehlen werden. Die Unendlichkeit der unendlichen Dezimalzahlen kann nicht paarweise mit der Unendlichkeit der ganzen Zahlen verbunden werden. Es handelt sich dabei um eine wahrhaft größere Unendlichkeit. Diese Unendlichkeit wird als überabzählbar bezeichnet, weil ihre Elemente nicht paarweise den Elementen einer zählbaren Unendlichkeit zugeordnet werden können.

Das ist für mich einer der atemberaubendsten Momente in der Geschichte der Mathematik. Zuvor hatte man geglaubt, Unendlichkeit befände sich jenseits des Wissens, sei etwas, das man nicht verstehen könne. Alle Unendlichkeiten wurden in einen mathematischen Topf geworfen, waren einfach «viele». Aber Cantor fand einen Weg, sich in der Unendlichkeit zurechtzufinden und zu zeigen, dass es nicht nur eine Unendlichkeit gab, sondern viele verschiedene. Manche sind größer als andere. Man konnte diesen Unendlichkeiten Namen geben. Aus «viele» wurden plötzlich Zahlen mit eigenen Namen. Das war so, als hätte die Menschheit die Welt vorher in Schwarz-Weiß gesehen, bis Cantor zeigte, dass die Mathematik der Unendlichkeit tatsächlich vielfarbig ist. Als hätte er die Farbe Weiß in ihre Bestandteile aufgespalten und so einen unendlichen Regenbogen von Unendlichkeiten enthüllt.

Der Trick bestand darin, dass man gar nicht erst

zu zählen begann, «1, 2, 3», und so die Unendlichkeit zu erreichen hoffte. Ein Perspektivwechsel erlaubte uns, über die Unendlichkeit als Ganzes nachzudenken und so zu zeigen, dass das Monster der Unendlichkeit viele Köpfe hatte. Wir haben es tatsächlich auf nur 73 Seiten bis zur Unendlichkeit gebracht. Das zeigt, wie machtvoll mathematisches Denken ist. Mit der endlichen Ausstattung in unserem Kopf können wir uns über unsere endliche Umgebung erheben und die Unendlichkeit berühren. Am Ende unserer Reise zur Unendlichkeit können Sie hoffentlich Hamlets Gefühl teilen, wenn er sagt: «Ich könnt eingesperrt sein in eine Nußschale und mich für einen König unendlicher Räume halten» (Shakespeare, *Hamlet*, Zweiter Akt, 2. Szene).

Wir verlassen nun die transzendentalen Reiche des Unendlichen und kehren in unsere banale, endliche Existenz zurück. Hat diese mathematische Fähigkeit, sich im Unendlichen zurechtzufinden, denn Auswirkungen auf unser alltägliches Leben? Ja, hat sie. Ein Großteil des modernen Lebens stützt sich auf ähnliche Werkzeuge, wie wir sie auf unserer Reise durch die Unendlichkeit entwickelt haben. Um uns in der Unendlichkeit zurechtzufinden, haben wir Algorithmen erdacht, die uns ermöglichen, zwei unendliche Mengen paarweise einander zuzuordnen und so zu zeigen, dass sie gleich groß sind. Diese Fähigkeit, eine Methode oder ein Rezept zu finden, mit dem sich Dinge, unabhängig von ihrer Anzahl, vergleichen lassen, steckt im Kern vieler Algorithmen, die unser tägliches Leben bestimmen.

Mithilfe mathematischer Algorithmen können wir uns Wege durch eine Vielzahl von Dingen bahnen: Sie helfen uns, uns in Städten zu orientieren, finden eine gesuchte Website für uns oder empfehlen uns Bücher und Filme, die uns gefallen könnten. Die Mathematik findet sogar potenzielle Lebenspartner für uns. Diese Werkzeuge, mit denen wir alle Bruchzahlen allen ganzen Zahlen zuordnen konnten, könnten uns eines Tages dabei helfen, die Liebe unseres Lebens zu finden. Das sollte eine Reise zur Unendlichkeit und zurück wohl wert sein …

Marcus du Sautoy ist Professor für Mathematik an der Universität Oxford. Er hat dort den berühmten Simonyi-Lehrstuhl für das wissenschaftliche Verständnis der Öffentlichkeit inne und ist Fellow des New College.

Für seine Arbeit hat er viele Auszeichnungen erhalten, darunter den Berwick-Preis der London Mathematical Society für herausragende mathematische Forschungen und den Michael-Faraday-Preis der Royal Society of London für die «exzellente Vermittlung von Wissenschaft». 2016 wurde er zum Fellow der Royal Society gewählt.

Bei seinen mathematischen Forschungen hat sich du Sautoy u. a. mit Gruppentheorie, Zahlentheorie und Modelltheorie beschäftigt. Ebenso erfolgreich hat er einer breiten Öffentlichkeit die Mathematik nahegebracht. Er hat mehrere nichtakademische Bestseller veröffentlicht und tritt regelmäßig in Fernseh- und Radioprogrammen auf.

www.simonyi.ox.ac.uk